Nithiyananthan Kannan
Priyanka Mani

Iluminação solar híbrida

Nithiyananthan Kannan
Priyanka Mani

Iluminação solar híbrida

ScienciaScripts

Imprint
Any brand names and product names mentioned in this book are subject to trademark, brand or patent protection and are trademarks or registered trademarks of their respective holders. The use of brand names, product names, common names, trade names, product descriptions etc. even without a particular marking in this work is in no way to be construed to mean that such names may be regarded as unrestricted in respect of trademark and brand protection legislation and could thus be used by anyone.

Cover image: www.ingimage.com

This book is a translation from the original published under ISBN 978-3-659-85462-0.

Publisher:
Sciencia Scripts
is a trademark of
Dodo Books Indian Ocean Ltd. and OmniScriptum S.R.L publishing group

120 High Road, East Finchley, London, N2 9ED, United Kingdom
Str. Armeneasca 28/1, office 1, Chisinau MD-2012, Republic of Moldova, Europe
Printed at: see last page
ISBN: 978-620-3-49572-0

Índice:

Solar híbrido Iluminação

K. NITHIYANANTHAN[+] & PRIYANKA MANI[*]

[+]FACULDADE DE ENGENHARIA DE KARPAGAM

ÍNDIA

[*]IFFCO DUBAI

EMIRADOS ÁRABES UNIDOS

Capítulo 1

SOLAR

1.1 ESTRUTURA SOLAR

Há cerca de 4,6 mil milhões de anos, num braço espiral distante da nossa galáxia, chamado Via Láctea, uma pequena nuvem de gás e poeira começou a comprimir-se sob o seu próprio peso. As partículas no centro da nuvem (núcleo) ficaram tão densamente compactadas que colidiram e colaram-se (fundiram-se). O processo de fusão libertava enormes quantidades de calor e luz que podiam combater a força de compressão da gravidade; eventualmente, as duas forças atingiram o equilíbrio. O equilíbrio entre as reacções de fusão e o colapso gravitacional que ocorreu nesta pequena nuvem é carinhosamente referido como uma estrela, e esta história é sobre o nascimento e a vida da estrela mais próxima da Terra, o Sol. O nosso Sol é uma estrela de tamanho médio, conhecida como uma anã amarela. O Sol é uma estrela normal da sequência principal G2V. O Sol tem vindo a fundir hidrogénio em hélio e, consequentemente, a fornecer-nos a sua energia radiante há 4,5 mil milhões de anos, e espera-se que continue a fazê-lo durante mais 3 a 4 mil milhões de anos. O nosso Sol é uma fonte de luz e calor para a vida na Terra. Assim, sendo a estrela mais importante para a humanidade, todos os pormenores do Sol são dignos de observação e estudo. O interior do Sol está separado em quatro regiões, nomeadamente, o núcleo, a zona radiativa, a camada de interface (Tachocline) e a zona de convecção, pelos diferentes processos que aí ocorrem. A estrutura solar mostrando o interior e a atmosfera solar é mostrada na Figura 1. O núcleo do Sol (25%) é a região central onde as reacções nucleares consomem o hidrogénio para formar hélio. A energia libertada durante estas reacções difunde-se para o exterior por radiação. A temperatura no núcleo é de cerca de 15 MK, a densidade chega a 150 000 kg m-3 (150 vezes a densidade da água na Terra) e a pressão de cerca de 233 mil milhões de vezes superior à da atmosfera terrestre ao nível do mar (um bar).

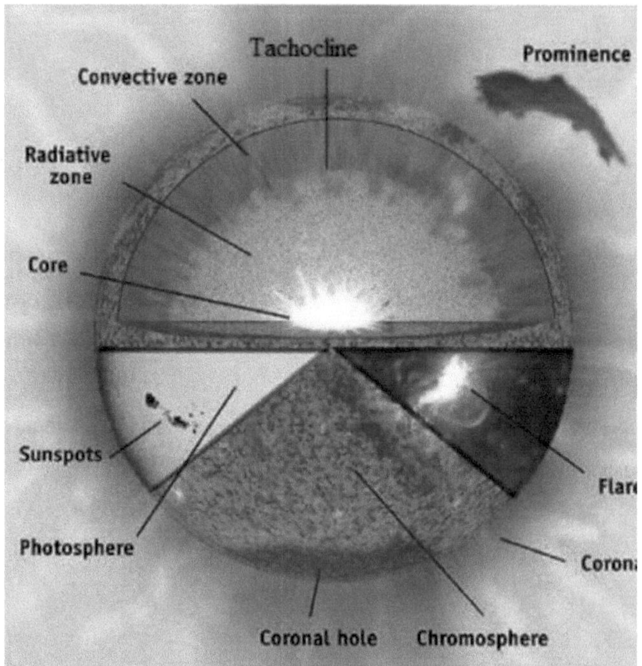

Figura 1 Estrutura solar

A zona radiativa estende-se para o exterior até cerca de 0,7 Rs a partir do bordo exterior do núcleo até à camada de interface ou tacoclina na base da zona de convecção. A energia é transportada para o exterior nesta zona através da radiação. A energia gerada no núcleo é transportada pela luz (fotões) que salta de partícula para partícula através da zona radiativa. A camada de interface situa-se entre a zona radiativa e a zona convectiva e foi designada por Tachocline por Spiegel & Zahn (1992). Esta camada fina tornou-se mais interessante nos últimos anos, pois acredita-se agora que o campo magnético do Sol é gerado por um dínamo magnético nesta camada. As mudanças nas velocidades de fluxo de fluido através da camada podem esticar as linhas de força do campo magnético e torná-las mais fortes. Esta alteração da velocidade de escoamento dá a esta camada um nome alternativo - tacoclina. Também parece haver mudanças súbitas na composição química ao longo desta camada. Enquanto a fotosfera é a superfície ótica (visível) do Sol, o interior solar não pode ser observado diretamente. É possível compreender melhor o interior solar através de um estudo sistemático das oscilações globais do interior solar, popularmente conhecido como Helioseismologia. As investigações heliossísmicas são úteis para estudar a rotação interna do Sol. Conforme determinado por estudos heliossísmicos, a tacoclina é uma camada de transição entre o envelope convectivo solar com rotação diferencial e o interior radiativo onde a rotação é quase uniforme. Utilizando os dados do GONG e do MDI, Basu e Antia (2003) observaram que, numa camada de tacoclina, a taxa de rotação aumenta com a distância radial a baixas latitudes, enquanto que a altas latitudes a taxa de rotação diminui com a distância radial. Sugeriram ainda a possibilidade de a tachoclina ser constituída por duas partes, uma a baixas latitudes e outra a altas latitudes, localizadas a diferentes profundidades e com diferentes larguras, mas pode não haver variação na posição e na largura dentro de cada uma destas regiões. A zona de convecção é a camada mais externa do interior solar. Ela se estende até a superfície visível do Sol. Na base da zona de convecção, a temperatura é de cerca de 2 MK. Esta temperatura é suficientemente baixa para que os iões mais pesados (como o carbono, o azoto, o oxigénio, o cálcio e o ferro) retenham alguns dos seus electrões. Isto torna o material mais opaco, dificultando a passagem da radiação. Isto retém o calor que, em última análise, torna o fluido instável e este começa a ferver ou a convectar. É estabelecido um gradiente de temperatura acentuado e as bolhas quentes de gás que sobem através deste gradiente são aceleradas para formar células convectivas. Estes movimentos convectivos transportam o calor muito rapidamente para a superfície.

1.2 ENERGIA SOLAR

Os recursos naturais sempre desempenharam um papel muito importante no sector da produção de energia. Vários recursos, como a energia solar, eólica, das marés, geotérmica, hídrica, etc., contribuem de várias formas para o sector da produção de energia. Um grande número de comunidades isoladas, pequenas ilhas, zonas rurais e aldeias nos países em desenvolvimento não têm acesso a baixo custo à rede de energia eléctrica e a eletricidade produzida localmente por grupos geradores a gasóleo tem a desvantagem económica do elevado custo do combustível, em grande parte devido aos custos adicionais de transporte. Uma alternativa eficaz, económica e eficiente a estes grupos geradores a gasóleo é o desenvolvimento e a utilização de recursos naturais como fontes de energia. Além disso, as reservas limitadas de combustíveis fósseis e as preocupações ambientais globais sobre a sua utilização para a produção de energia eléctrica também aumentaram o interesse na utilização de recursos energéticos renováveis. A concentração da luz solar em pequenas superfícies é amplamente estudada, experimentada e aplicada principalmente à produção de energia fotovoltaica. Raramente estes colectores solares são acoplados a fibras ópticas, com a vantagem de terem sempre uma forma de absorvente circular. Pelo contrário, a célula fotovoltaica (PV) é tipicamente quadrada, pelo que requer um sistema ótico secundário para remodelar a imagem e melhorar a uniformidade da distribuição da luz. A introdução de concentradores ópticos, especialmente sistemas de alta concentração, tem dois efeitos positivos: reduz a área das dispendiosas células solares e aumenta a sua eficiência. As principais razões para este desenvolvimento são o aumento da eficiência dos sistemas CPV (concentração fotovoltaica) devido às novas células solares, o aumento da dimensão das instalações fotovoltaicas e o crescente interesse por tecnologias alternativas, tanto devido aos incentivos governamentais como à fraca disponibilidade de silício. Em geral, pode assumir-se que uma melhoria no volume do sistema de recolha reduz os custos, dado que o sistema proporciona uma maior produção de energia. No último século, a utilização da energia solar para iluminar casas e interiores evoluiu consideravelmente. Durante muito tempo, o sol foi a nossa principal fonte de luz durante o dia. Mas, com o passar do tempo, o custo das luzes e lâmpadas eléctricas diminuiu e o seu desempenho aumentou e tornou-se melhor e a luz solar foi substituída como o método mais importante de iluminação de interiores. O efeito fotovoltaico foi inicialmente descoberto na quarta década do século XIX por um cientista francês chamado Edmond. Descobriu-se que alguns materiais geram eletricidade devido à absorção da radiação electromagnética presente na luz solar. Esta teoria foi testada e desenvolvida com a descoberta do efeito Hertz (1887). No entanto, só em 1954 é que a primeira célula de silício capaz de fazer funcionar um eletrodoméstico foi concebida nos laboratórios Bell por uma equipa constituída por Daryl Chaplin, Calvin Fuller e Gerald Pearson. Embora na década de 1970 tenha havido um interesse renovado pela energia solar, as lâmpadas eléctricas e a sua conveniência rapidamente se impuseram. Isto deveu-se ao aparecimento das desvantagens dos sistemas existentes (encandeamento, variabilidade, dificuldade de controlo, modificações arquitectónicas necessárias e luminância excessiva). No entanto, atualmente, foram desenvolvidas novas tecnologias que eliminam estas desvantagens e que tornaram as aplicações da energia solar uma realidade. No entanto, mais de 80% da luz disponível está sob a forma de luz solar direta, a eficiência energética dos sistemas de iluminação solar é baixa e o retorno do investimento é relativamente elevado em comparação com outras medidas de eficiência energética. A penetração no mercado de tais sistemas é limitada por este facto, assim como a sua utilidade para poupar quantidades significativas de energia não renovável. Diz-se que a eficácia luminosa da luz solar direta é de ~90 a 100 lm/W, dependendo da posição do Sol em relação à Terra. É interessante notar

que a eficácia luminosa da luz solar visível filtrada (180 - 200 lm/W) excede a das lâmpadas eléctricas existentes (15 - 90 lm/W). Esta é a principal motivação para a utilização da luz solar na iluminação interior. Infelizmente, o seu custo relativo, desempenho e densidade energética limitam a utilização generalizada da tecnologia solar, quando comparada com as actuais fontes de energia não renováveis. Uma das principais preocupações é que há partes do espetro solar que não podem ser convertidas em eletricidade por células solares ou máquinas solares térmicas. A figura 1 ilustra este problema no caso dos dispositivos à base de silício. As áreas de alta frequência do espetro ultravioleta e visível, a sensibilidade dos materiais à base de silício são relativamente baixas Eletricidade da luz solar. Recolha direta da imensa e inesgotável energia que o Sol nos traz. Não há muito tempo, esta forma elegante de gerar eletricidade estava associada a satélites e estações espaciais, ou a locais remotos fora da rede que necessitavam de eletricidade para alimentar uma lâmpada numa cabana. Hoje, por outro lado, podemos ler que a Alemanha gera 50 % da sua energia eléctrica a partir de energia fotovoltaica (PV) durante as horas intermédias de um dia de sol. Em 2011, foram instalados mais de 28 GW de nova capacidade de produção PV a nível mundial.
Isto corresponde a cerca de 200 km2 de painéis solares, ou seja, 1,5 vezes o tamanho da cidade de São Francisco! Obviamente, a nossa visão da energia fotovoltaica como um pequeno nicho de mercado tem de ser revista.

Num mundo em que a procura de energia, que aumenta rapidamente, entra cada vez mais em conflito com a necessidade urgente de reduzir as emissões de gases com efeito de estufa, parece necessário e inevitável que as fontes de energia renováveis desempenhem um papel importante no nosso futuro sistema energético global. Um relatório recente do Painel Intergovernamental sobre As alterações climáticas prevêem que a energia eólica e a energia fotovoltaica representarão até 30% da produção mundial de eletricidade até 2050, mesmo nos cenários moderados. A energia solar direta é um enorme recurso energético, fornecendo cerca de 4x1024 J de energia à superfície da Terra por ano (assumindo um fluxo solar de 1 kW/m2). O consumo mundial total de energia foi, em 2010, de cerca de 5,6x1020 J, o que significa que a energia solar que atinge a Terra em cerca de uma hora é suficiente para cobrir as necessidades energéticas da humanidade durante um ano inteiro. Esta é, de longe, a maior fonte de energia de que dispomos e uma óptima candidata à transição para um sistema energético mais sustentável.

Além disso, a energia fotovoltaica baseada no silício assenta em materiais não tóxicos e abundantes, sendo o silício o segundo elemento mais abundante na crosta terrestre a seguir ao oxigénio.

A energia fotovoltaica é atualmente a fonte de energia renovável de mais rápido crescimento, com uma taxa média de crescimento superior a 40 % por ano desde o ano 2000. As células solares à base de silício têm uma quota de mercado de 85 %, sendo, por conseguinte, a tecnologia absolutamente dominante na energia fotovoltaica. O crescimento da energia fotovoltaica tem estado ligado a incentivos económicos, e o crescimento contínuo da energia fotovoltaica instalada não pode depender apenas de incentivos políticos. As curvas de aprendizagem da energia fotovoltaica têm mostrado, desde os anos 70, uma redução de 20 % nos preços dos módulos por cada duplicação da produção cumulativa, o que representa uma redução de preços bastante significativa. No entanto, esta tendência de redução dos preços tem de ser mantida, uma vez que os incentivos estão a ser continuamente reduzidos. Isto pode acontecer quer através da redução dos custos de produção (menos dólares por célula solar), quer através de um aumento da eficiência (mais watts por célula solar). Uma combinação de ambos seria, naturalmente, o ideal. Na situação atual, o preço de fabrico da célula solar e do módulo solar foi drasticamente reduzido. Isto leva a uma situação em que o equilíbrio dos custos do sistema, como os custos de instalação, os custos dos suportes de montagem, os custos de utilização do terreno, etc., estão a começar a dominar o custo total de um sistema de energia fotovoltaica. O aumento da eficiência da célula solar reduzirá o equilíbrio dos custos do sistema, por exemplo, reduzindo o número de suportes e a área de terreno necessários para uma determinada potência de saída, o que significa que manter ou melhorar a eficiência da célula solar é essencial para a redução dos custos do sistema fotovoltaico.

Capítulo 2

PAINÉIS SOLARES

2.1 CÉLULAS SOLARES DE SILÍCIO

As células solares funcionam através da conversão da luz solar em eletricidade. Nesta secção, será feita uma breve revisão da física das células solares. Para uma introdução mais completa, ver, por exemplo, Uma das propriedades críticas que tornam o silício adequado como material para células solares é o facto de ser um semicondutor, possuindo um intervalo de energia. Este "band-gap" é uma gama de energias que os electrões nos materiais não podem ter. O eletrão pode ter uma energia que o coloca no seu estado de energia fundamental na banda de valência, ou pode estar num estado excitado na banda de condução. O eletrão pode transitar da banda de valência para a banda de condução e vice-versa através de processos de excitação e recombinação descritos a seguir. A energia necessária para uma excitação pode provir de um fotão, que é o mais pequeno pacote de energia em que se pode dividir a luz. A luz solar é constituída por fotões com uma vasta gama de energias. A energia do fotão corresponde ao que observamos como a cor da luz, em que a luz azul consiste em fotões com uma energia mais elevada e a luz vermelha consiste em fotões com uma energia mais baixa. A energia do fotão também corresponde a um comprimento de onda da luz, em que a luz azul tem um comprimento de onda mais curto e a luz vermelha tem um comprimento de onda mais longo. A distribuição de energia espetral da luz solar está a somar até 1000 W/m2 na superfície da Terra sob determinadas condições, no que é conhecido como espetro da Massa de Ar 1.5 (AM1.5). Quando um fotão atinge o silício, pode ser absorvido por um eletrão no silício, fornecendo energia suficiente para que o eletrão seja excitado do seu estado de energia fundamental na banda de valência para um estado excitado na banda de condução. Este processo de absorção só pode ter lugar se o fotão tiver uma energia que corresponda, pelo menos, à energia do hiato da banda. O eletrão que está a ser excitado deixará para trás um buraco na banda de valência; é criado um par eletrão-buraco . Numa célula solar, o par eletrão-buraco desloca-se por difusão até atingir a junção p-n. A junção p-n é uma assimetria incorporada na célula solar, em que um campo elétrico garante que o eletrão se desloca numa direção, enquanto o buraco se desloca na direção oposta. Assim, o eletrão pode atingir um dos contactos eléctricos, enquanto o orifício atinge o outro contacto, em resultado de uma combinação de difusão aleatória e desvio direcional num campo elétrico. Este é o principal mecanismo de geração de corrente numa célula solar. Apenas os fotões com energia suficientemente elevada podem ser absorvidos pelos electrões. Um fotão com energia inferior à energia de banda proibida não terá energia suficiente para elevar o eletrão para a banda de condução e, como tal, não será absorvido pelo semicondutor. Por conseguinte, a sua energia não será convertida em eletricidade. Por outro lado, os fotões de elevada energia podem criar um par eletrão-buraco, elevando o eletrão muito acima do limite da banda de condução. No entanto, toda a energia em excesso que é colocada no eletrão será rapidamente perdida, uma vez que o eletrão irá colidir com outros electrões ou átomos, perdendo energia até atingir o limite da banda de condução. Este processo de perda é designado por termalização.

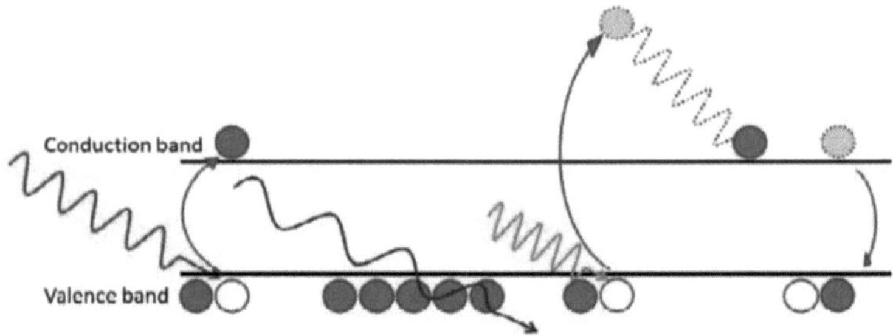

Figura 2 - Absorção e perda numa célula solar

A Figura 2 mostra a distribuição da energia espetral do Sol em função do comprimento de onda da luz. A área abaixo do gráfico superior indica a energia solar total recebida, enquanto a área abaixo do gráfico inferior indica a energia

disponíveis quando se tem em conta as contribuições de perda discutidas acima, com um termo coletivo chamado perda de espetro. A perda de espetro é uma função da energia do intervalo de banda do semicondutor e limita a eficiência de uma célula solar de silício a menos de 50%. Numa célula solar real, nem todos os pares eletrão-buraco gerados contribuem para as gerações actuais. Há sempre a possibilidade de um eletrão encontrar um buraco no seu caminho para os contactos e voltar a atravessar o fosso de banda, num processo chamado recombinação. A recombinação pode ocorrer lentamente na maior parte de uma pastilha de silício de alta qualidade, mas ocorrerá sempre, mesmo num material perfeito. Estes mecanismos de recombinação inevitáveis são designados por mecanismos de recombinação intrínsecos. Num material mais realista, a recombinação ocorre mais rapidamente. Exemplos de áreas activas de recombinação são os defeitos cristalinos ou as impurezas no silício, o silício altamente dopado, as fronteiras cristalinas do silício ou as superfícies das bolachas e as interfaces metal-silício, como os contactos. Combinando os mecanismos de recombinação intrínsecos com as perdas espectrais, atinge-se a eficiência máxima de uma célula solar, conhecida como o limite de Shockley-Queisser, que para o silício sob uma irradiância correspondente ao espetro AM1.5 é de cerca de 29%. Atualmente, a eficiência recorde de uma célula solar de silício é de 25%, o que, na verdade, está bastante próximo do máximo teórico de 29% dado pelo limite de Shockley-Queisser.

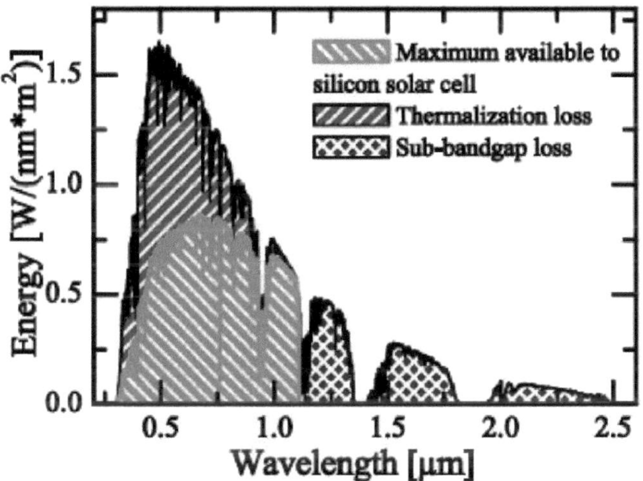

Capítulo 3

3 Eficiência das células solares

A eficiência da célula solar, a eficiência é, naturalmente, da maior importância. A célula solar de silício com um rendimento de 25 %, já referida, é um belo exemplo de engenharia de células solares. O problema, porém, é que, para fabricar uma célula deste tipo, são utilizados vários processos que não podem ser diretamente transferidos para a produção em massa. Uma caraterística comum de vários conceitos de células solares de elevada eficiência é o facto de exigirem alguma forma de processamento local, o que, nas células à escala laboratorial, tem sido possível através da fotolitografia. No entanto, a fotolitografia é geralmente considerada incompatível com o rendimento muito elevado exigido pela indústria das células solares. Dado que os lasers proporcionam uma excelente resolução espacial e um excelente controlo da translação, podem proporcionar capacidades de processamento local semelhantes com processos muito mais simples e, como tal, podem abrir caminho ao processamento local à escala industrial e a eficiências elevadas das células solares na produção industrial. De facto, o processamento local por laser está atualmente a entrar nas linhas de produção industrial. No entanto, o processamento por laser só pode ser implementado com êxito se o processo não tiver um impacto negativo na qualidade dos materiais das células solares. A fim de desenvolver processos laser com danos reduzidos, é absolutamente crucial uma compreensão fundamental da interação física entre o laser e os materiais das células solares. Utilizando fontes laser pulsadas, a interação laser-material dependerá da duração do impulso laser, do comprimento de onda laser e das propriedades do material. O conhecimento fundamental destas dependências permitirá compreender os parâmetros laser necessários para o êxito dos processos laser. Como tal, o conhecimento dos mecanismos físicos dominantes envolvidos na interação laser-material servirá de base para o desenvolvimento de bons processos laser, ou mesmo o contrário, servirá de indicador para fontes laser ainda por desenvolver necessárias para um determinado processo. Os painéis solares fotovoltaicos podem ser fabricados de modo a que a energia do sol excite os átomos numa camada de silício entre dois painéis protectores, como se mostra na Figura 3a. Os electrões destes átomos excitados formam uma corrente eléctrica, que pode ser utilizada por dispositivos externos. Os painéis solares foram utilizados há mais de cem anos para o aquecimento de água em casas. Os painéis solares também podem ser fabricados com um espelho de forma especial que concentra a luz num tubo de óleo. O óleo aquece e atravessa uma cuba de água, fervendo-a instantaneamente. O vapor é criado e depois faz girar uma turbina para obter energia. Como funcionam os painéis solares O elemento básico dos painéis solares é o silício puro. Quando desprovido de impurezas, o silício constitui uma plataforma neutra ideal para a transmissão de electrões. No seu estado natural, o silício transporta quatro electrões, mas tem espaço para oito. Portanto, o silício tem espaço para mais quatro electrões. Se um átomo de silício entrar em contacto com outro átomo de silício, cada um recebe os quatro electrões do outro átomo. Oito electrões satisfazem as necessidades dos átomos, o que cria uma ligação forte, mas não há carga positiva ou negativa. Este material é utilizado nas placas dos painéis solares. A combinação do silício com outros elementos que têm uma carga positiva ou negativa também pode criar painéis solares. Por exemplo, o fósforo tem cinco electrões para oferecer a outros átomos. Se o silício e o fósforo forem combinados quimicamente, o resultado é um conjunto estável de oito electrões com um eletrão livre adicional. O silício não precisa do eletrão livre, mas não pode sair porque está ligado ao outro átomo de fósforo. Por isso, esta placa de silício e fósforo é considerada como tendo uma carga negativa. Para que a eletricidade possa fluir, é necessário criar uma carga positiva. A combinação do silício com um elemento como o boro, que só tem três electrões para oferecer, cria uma carga positiva. Uma placa de silício e boro ainda tem um ponto disponível para outro eletrão.

Figura 3a Painéis solares

Por conseguinte, a placa tem uma carga positiva. As duas placas são ensanduichadas para formar painéis solares, com fios condutores a passarem entre elas. Os fotões bombardeiam os átomos de silício/fósforo quando as placas negativas das células solares estão apontadas para o Sol. Eventualmente, o nono eletrão é derrubado do anel exterior. Uma vez que a placa positiva de silício/boro o atrai para o ponto aberto na sua própria banda exterior, este eletrão não permanece livre durante muito tempo. À medida que os fotões do Sol quebram mais electrões, é gerada eletricidade. Quando todos os fios condutores retiram os electrões livres das placas, há eletricidade suficiente para alimentar motores de baixa amperagem ou outros aparelhos electrónicos, embora a eletricidade gerada por uma célula solar não seja muito impressionante por si só. Quando os electrões não são utilizados ou se perdem no ar, são devolvidos à placa negativa e todo o processo recomeça. A energia solar térmica (ou STE) é uma tecnologia de aproveitamento da energia solar para produção de calor. Os colectores solares térmicos são caracterizados pela Agência de Informação sobre Energia dos EUA como colectores de baixa, média ou alta temperatura. Os colectores de baixa temperatura são placas planas geralmente utilizadas para aquecer piscinas. Os colectores de média temperatura também são geralmente placas planas, mas são utilizados para criar água quente para uso residencial e comercial. Os colectores de alta temperatura concentram a luz solar utilizando espelhos ou lentes e são geralmente utilizados para a produção de energia eléctrica. Isto é diferente da energia solar fotovoltaica, que converte a energia solar diretamente em eletricidade. Coletor de baixa temperatura A luz solar passa através do vidro e atinge a placa absorvente, que aquece, transformando a energia solar em energia térmica. O calor é transferido para o líquido que passa através de tubos ligados à placa absorvente. As placas absorventes são normalmente pintadas com "revestimentos selectivos", que absorvem e retêm melhor o calor do que a tinta preta comum. As placas absorventes são normalmente feitas de metal, tipicamente cobre ou alumínio, porque o metal é um bom condutor de calor. O cobre é mais caro, mas é um melhor condutor e menos propenso à corrosão do que o alumínio. Em locais com uma disponibilidade média de energia solar, os colectores de placas planas são dimensionados em cerca de meio a um pé quadrado por galão de água quente utilizada num dia. A principal utilização desta tecnologia é em edifícios residenciais onde a procura de água quente tem um grande impacto nas facturas de energia. Isto significa geralmente uma situação com uma família numerosa, ou uma situação em que a procura de água quente é excessiva devido à lavagem frequente de roupa. As aplicações comerciais incluem lavagens de automóveis, lavandarias militares e estabelecimentos de restauração. A tecnologia também pode ser utilizada para aquecimento ambiente se o edifício estiver localizado fora da rede ou se a energia eléctrica estiver sujeita a falhas frequentes. Os sistemas solares de aquecimento de água são mais rentáveis para instalações com sistemas de aquecimento de água de funcionamento dispendioso, ou com operações como lavandarias ou cozinhas que requerem grandes quantidades de água quente. Os colectores de líquido não vidrado são normalmente utilizados para aquecer a água das piscinas. Como estes colectores não precisam de suportar temperaturas elevadas, podem utilizar materiais menos dispendiosos, como o plástico ou a borracha. Também não necessitam de ser à prova de congelamento, porque as piscinas são geralmente utilizadas apenas em tempo quente ou podem ser drenadas facilmente durante o tempo frio. Embora os colectores solares sejam mais rentáveis em áreas ensolaradas e temperadas, podem ser rentáveis em praticamente qualquer parte do país, pelo que devem ser considerados. Para reduzir a perda de calor do coletor de placa plana e melhorar a temperatura de recolha, a comunidade internacional desenvolveu com êxito, nos anos 70, o tubo de vácuo, cujo corpo absorvente de calor é encerrado em alto vácuo no interior do tubo de vácuo de vidro, melhorando consideravelmente o desempenho térmico. O número de tubos de vácuo montados em conjunto constitui um coletor de tubos de vácuo. Para aumentar a quantidade de luz solar, alguns dos tubos de vácuo na parte de trás também estão equipados com reflectores. O tubo coletor de vácuo pode ser dividido em dois: tubos colectores evacuados totalmente em vidro (tubos colectores de vácuo em U de vidro) e tubos de vácuo metálicos com tubo de calor (tubos colectores de vácuo de passagem direta e tubo coletor de vácuo térmico armazenado). O coletor do condensador é constituído principalmente pelo condensador, pelo absorvedor e pelo sistema de rastreio, com três componentes principais. De acordo com o princípio da distinção entre condensador, o coletor de condensador pode ser dividido em condensador de reflexão e condensador de refração, duas categorias, cada categoria de acordo com o condensador pode ser dividida em vários tipos diferentes. A fim de satisfazer os requisitos de utilização da energia solar, como simplificar as agências de rastreamento, melhorar a confiabilidade, reduzir os custos, pelo desenvolvimento do coletor de condensador neste século, existem muitos tipos de coletores de condensador, mas a promoção do coletor de condensador é menor do que o coletor de placa plana, e menor grau de comercialização. Nos colectores concentradores reflectores, o condensador de espelho parabólico rotativo (foco pontual) e o condensador de espelho tipo parabólico (foco linear) são mais aplicados. O primeiro pode aquecer, mas com seguimento bidimensional; o segundo pode atingir a temperatura , desde que com seguimento unidimensional. Os dois colectores de condensador são aplicados no início deste século e, após décadas, são objeto de uma série de melhorias, como superfícies reflectoras para melhorar a precisão da maquinagem, desenvolvimento de materiais altamente reflectores, desenvolvimento de agências de rastreio de alta fiabilidade, atualmente, estes dois tipos de colectores de calha parabólica são totalmente capazes de satisfazer uma variedade de requisitos de utilização de energia solar a alta temperatura, mas o elevado custo destes dois tipos de colectores de calha parabólica limita a sua aplicação mais ampla. Na década de 1970, o "coletor de espelho concentrador parabólico composto" (CPC) apareceu no mercado internacional. Consiste em dois espelhos parabólicos, o CPC não precisa de seguir o sol, apenas precisa de fazer ajustes de acordo com a mudança de estação, podendo então recolher a luz solar e obter uma temperatura mais elevada. Normalmente, a taxa de condensação é inferior a 10; quando a taxa de condensação é inferior a 3, pode ser instalado de forma fixa, sem necessidade de ajustamento. Nessa altura, muitas pessoas avaliaram bem o CPC e pensaram mesmo que era um grande avanço nas tecnologias de utilização de energia solar térmica e que seria amplamente aplicado. No entanto, décadas mais tarde, o CPC foi aplicado apenas a um pequeno número de projectos de demonstração, e não gostou que o coletor de placa plana e o coletor de tubo de vácuo fossem amplamente utilizados. Outros concentradores de espelhos reflectores são os espelhos cónicos, os espelhos esféricos, os espelhos de barra, os espelhos de calha tipo balde, os concentradores de espelhos planos e parabólicos, etc. Além disso, existe uma aplicação numa central de energia solar em torre chamada helióstato. Os helióstatos são constituídos por um conjunto de espelhos planos ou curvos que, sob controlo informático, reflectem os raios solares para o mesmo absorvedor, que pode atingir temperaturas muito elevadas e obter uma energia potente. De acordo com o princípio da utilização da refração da luz, o condensador do tipo refração pode ser fabricado. Algumas pessoas utilizam um conjunto de lentes e espelhos planos para montar uma caldeira solar de alta temperatura. É evidente que a lente de vidro é demasiado pesada, o processo de fabrico é complexo e de custo elevado, pelo que é difícil torná-la grande. Por conseguinte, o condensador do tipo refração não é um desenvolvimento a longo prazo. Na década de 1970, o desenvolvimento internacional da lente de Fresnel de grandes dimensões foi uma tentativa para a produção de colectores de concentração solar. A lente de Fresnel é um plano da lente do condensador, leve, de baixo preço, e também tem tipo de foco de bit ou tipo de ponto de foco de linha, geralmente feito de plexiglass ou outro plástico transparente, mas também útil para a produção de vidro, principalmente para sistemas de geração de energia de concentradores solares. O condensador de fibra ótica, que consiste em lentes de fibra ótica e fibra ótica ligada à composição do sol através da lente ótica que focaliza o uso do escritório após a propagação da fibra. O outro é o condensador de fluorescência, que é na verdade um pigmento fluorescente para adicionar uma placa transparente (geralmente PMMA), pode absorver a luz solar e o comprimento de onda fluorescente da mesma parte da banda de absorção e, em seguida, um comprimento de onda mais longo do que a banda de absorção emite fluorescência. A emissão de fluorescência tem uma reflexão interna total dentro da face da borda do painel plano, devido às diferenças entre a placa e o meio circundante. A taxa de condensação depende da relação entre a área plana e a área da borda, é fácil chegar a 10 100, este painel plano pode absorver a luz solar de diferentes direcções, mas também pode absorver a luz dispersa e não precisa de seguir o sol.

2.2 SIMPLES SOLAR B

Figura 4: Iluminação solar numa cabana

A utilização de garrafas de plástico, tal como se mostra nas Figuras 4 e 5, para fornecer iluminação interior a partir da luz do dia foi desenvolvida por Alfredo Moser, do Brasil. A utilização desta tecnologia como empresa social foi lançada pela primeira vez nas Filipinas por Illac Diaz, no âmbito da My Shelter Foundation, em abril de 2011. Para ajudar a ideia a crescer de forma sustentável, Diaz implementou um modelo de negócio de "empresário local", segundo o qual as lâmpadas em garrafa são montadas e instaladas por pessoas locais, que podem obter um pequeno rendimento pelo seu trabalho.

ULBS

Figura 5 Iluminação solar na pequena indústria.

Em poucos meses, um carpinteiro e um conjunto de ferramentas numa comunidade em San Pedro, Laguna, expandiram a organização para 15.000 instalações de lâmpadas solares em 20 cidades e províncias das Filipinas e começaram a inspirar iniciativas locais em todo o mundo. A My Shelter Foundation também criou um centro de formação que realiza workshops com jovens, empresas e outros grupos interessados em oferecer o seu tempo para construir luzes nas suas comunidades. Em menos de um ano desde a sua criação, foram instaladas mais de 200.000 lâmpadas de garrafas em comunidades de todo o mundo. A Liter of Light tem como objetivo iluminar 1 milhão de casas até ao final de 2015. Esta iniciativa foi implementada nos países em desenvolvimento, como os países asiáticos, os países africanos e os países da América do Norte.

Capítulo 3

FIBRA ÓPTICA

3.1 ORIGEM DOS SISTEMAS DE ILUMINAÇÃO NATURAL POR FIBRA ÓPTICA

Logo após a introdução da tecnologia de fibra ótica, foi discutida a possibilidade de utilizar a fibra ótica para o envio de luz solar. As vantagens desta abordagem eram inúmeras. Ao concentrar a luz solar, penetrações bastante pequenas nos telhados poderiam permitir que algumas fibras ópticas, fortemente carregadas de luz solar, iluminassem áreas enormes. Isto reduziria o impacto na eficiência do isolamento e em possíveis fugas no telhado. Ao contrário das clarabóias, estas fibras dobram a luz à vontade, de modo que a luz pode ser facilmente encaminhada em torno de construções e para áreas onde é necessária. Quando as necessidades de iluminação se alteram, as fibras podem ser reencaminhadas. Tinha nascido o conceito de "luz solar flexível". Um dos primeiros esforços para comercializar iluminação diurna acoplada a fibras foi o arranjo Himawari, mostrado na figura 6.

Figura 6 Fibras ópticas

Para além dos ganhos aparentes de concentração e flexibilidade, a utilização de fibras ópticas e de ópticas de concentração permitiu filtrar a luz para remover os comprimentos de onda ultravioleta (UV) e infravermelhos (IR). A remoção dos comprimentos de onda IR pode remover quase todo o calor da luz do dia que entra na sala, e a remoção dos UV pode reduzir o potencial da luz para produzir o desaparecimento (tecnicamente reconhecido como branqueamento fotográfico) de tecidos e construções na área iluminada. Em comparação com as clarabóias normais, a iluminação natural por fibra ótica pode reduzir consideravelmente as cargas de aquecimento e arrefecimento impostas pelos sistemas de iluminação natural. Já em 1983, foi proposto um sistema de iluminação natural em fibra ótica que também incluía conversão fotovoltaica (PV). Neste sistema, um filtro de espelho dicroico seria inserido na luz de uma lente de focagem para refletir a parte visível da luz em fibras para iluminação. A luz infravermelha passaria através do espelho dicroico para atingir uma célula fotovoltaica e ser convertida em eletricidade para outras aplicações. Uma fibra ótica (ou fibra ótica) é uma fibra flexível e transparente fabricada por estiramento de vidro (sílica) ou plástico com um diâmetro ligeiramente mais espesso do que o de um cabelo humano. As fibras ópticas são utilizadas mais frequentemente como meio de transmissão de luz entre as duas extremidades da fibra e têm uma utilização alargada nas comunicações por fibra ótica, onde permitem a transmissão a distâncias mais longas e com larguras de banda (taxas de dados) mais elevadas do que os cabos metálicos. As fibras são utilizadas em vez de fios metálicos porque os sinais viajam ao longo delas com menos perdas; além disso, as fibras são também imunes a interferências electromagnéticas, um problema de que os fios metálicos sofrem excessivamente. As fibras também são utilizadas para iluminação e são enroladas em feixes para que possam ser utilizadas para transportar imagens, permitindo assim a visualização em espaços confinados, como no caso de um fibroscópio. As fibras especialmente concebidas são também utilizadas para uma variedade de outras aplicações, algumas das quais são sensores de fibra ótica e lasers de fibra. As fibras ópticas incluem normalmente um núcleo transparente rodeado por um material de revestimento transparente com um índice de refração . mais baixoA luz é mantida no núcleo pelo fenómeno da reflexão interna total, que faz com que a fibra actue como um guia de ondas. As fibras que suportam muitos caminhos de propagação ou modos transversais são designadas fibras multimodo (MMF), enquanto as que suportam um único modo são designadas fibras monomodo (SMF). As fibras multimodo têm geralmente um diâmetro de núcleo mais largo e são utilizadas para ligações de comunicação de curta distância e para aplicações em que é necessário transmitir alta potência. As fibras monomodo são utilizadas para a maioria das ligações de comunicação com mais de 1 000 metros. Um aspeto importante de uma comunicação por fibra ótica é a extensão dos cabos de fibra ótica, de modo a reduzir ao mínimo as perdas resultantes da união de dois cabos diferentes. A junção de comprimentos de fibra ótica revela-se frequentemente mais complexa do que a junção de fios ou cabos eléctricos e envolve a clivagem cuidadosa das fibras, o alinhamento perfeito dos núcleos de fibra e a junção destes núcleos de fibra alinhados. Para aplicações que exigem uma ligação permanente, pode ser utilizada uma emenda mecânica que mantém as extremidades das fibras unidas mecanicamente ou uma emenda por fusão que utiliza calor para fundir as extremidades das fibras. As ligações temporárias ou semi-permanentes são efectuadas por meio de conectores de fibra ótica especializados. O domínio da ciência aplicada e da engenharia relacionado com a conceção e aplicação de fibras ópticas é conhecido como fibra ótica. A fibra ótica pode ser utilizada como meio de telecomunicação e de ligação em rede de computadores porque é flexível e pode ser agrupada sob a forma de cabos. É especialmente vantajosa para comunicações a longa distância, porque a luz se propaga através da fibra com pouca atenuação em comparação com os cabos eléctricos. Os sinais de luz por canal que se propagam na fibra foram modulados a taxas tão elevadas como 111 gigabits por segundo (Gbit/s) pela NTT, embora 10 ou 40 Gbit/s sejam típicos em sistemas implementados. Em junho de 2013, os investigadores demonstraram a transmissão de 400 Gbit/s num único canal utilizando a multiplexagem de momento angular orbital de 4 modos. Cada fibra pode transportar muitos canais independentes, cada um utilizando um comprimento de onda de luz diferente (multiplexagem por divisão de comprimento de onda (WDM)). A taxa de dados líquida (taxa de dados sem bytes de sobrecarga) por fibra é a taxa de dados por canal reduzida pela sobrecarga FEC, multiplicada pelo número de canais (normalmente até oitenta em sistemas WDM densos comerciais a partir de 2008). Em 2011, o recorde de largura de banda num único núcleo era de 101 Tbit/s (370 canais a 273 Gbit/s cada). O recorde para uma fibra multi-núcleo em janeiro de 2013 era de 1,05 petabits por segundo. Em 2009,

A Bell Labs quebrou a barreira dos 100 (petabit por segundo)xquilómetro (15,5 Tbit/s numa única fibra de 7.000 km) Para aplicações de curta distância, como uma rede num edifício de escritórios, a cablagem de fibra ótica pode poupar espaço nas condutas de cabos. Isto deve-se ao facto de uma única fibra pode transportar muito mais dados do que os cabos eléctricos, como a cablagem Ethernet de categoria 5, que normalmente funciona a velocidades de 100 Mbit/s ou 1 Gbit/s. A fibra também é imune a interferências eléctricas; não há conversas cruzadas entre sinais em cabos diferentes e não há captação de ruído ambiental. Os cabos de fibra não blindados não conduzem eletricidade, o que faz da fibra uma boa solução para proteger o equipamento de comunicações em ambientes de alta tensão, como instalações de produção de energia, ou estruturas de comunicação metálicas propensas a descargas atmosféricas. Também podem ser utilizados em ambientes onde estão presentes fumos explosivos, sem perigo de ignição. A escuta de fios (neste caso, a escuta de fibras) é mais difícil em comparação com as ligações eléctricas, e existem fibras concêntricas de núcleo duplo que se diz serem à prova de escuta. As fibras são também frequentemente utilizadas para ligações de curta distância entre dispositivos. Por exemplo, cada vez mais televisores de alta definição oferecem uma ligação ótica de áudio digital. Esta permite a transmissão de áudio através da luz, utilizando o protocolo TOSLINK.

3.2 VANTAGENS DO SISTEMA DE FIBRA ÓPTICA

As vantagens da comunicação por fibra ótica em relação aos sistemas de fios de cobre são

> Largura de banda larga

Uma única fibra ótica pode transportar mais de 3.000.000 de chamadas de voz full-duplex ou 90.000 canais de televisão.

> Imunidade a interferências electromagnéticas

A transmissão de luz através das fibras ópticas não é afetada por outras radiações electromagnéticas nas proximidades. A fibra ótica não é condutora de eletricidade, pelo que não funciona como uma antena para captar sinais electromagnéticos. A informação que viaja no interior da fibra ótica é imune a interferências electromagnéticas, mesmo a impulsos electromagnéticos gerados por dispositivos nucleares.

> Baixa perda de atenuação em longas distâncias

A perda de atenuação pode ser tão baixa como 0,2 dB/km nos cabos de fibra ótica, permitindo a transmissão a longas distâncias sem necessidade de repetidores.

> Isolador elétrico

As fibras ópticas não conduzem eletricidade, evitando problemas com circuitos de terra e condução de raios. As fibras ópticas podem ser colocadas em postes ao lado de cabos eléctricos de alta tensão.

> Custo dos materiais e prevenção de roubos

Os sistemas de cabos convencionais utilizam grandes quantidades de cobre. Em alguns locais, este cobre é alvo de roubo devido ao seu valor no mercado da sucata.

> Segurança das informações transmitidas pelo cabo

O cobre pode ser extraído com muito pouca probabilidade de ser detectado.

Sensor de fibra ótica

As fibras têm muitas utilizações na deteção remota. Em algumas aplicações, o próprio sensor é uma fibra ótica. Noutros casos, a fibra é utilizada para ligar um sensor sem fibra ótica num sistema de medição. Dependendo da aplicação, a fibra pode ser utilizada devido ao seu tamanho reduzido, ou ao facto de não ser necessária energia eléctrica local remoto, ou porque muitos sensores podem ser multiplexados ao longo do comprimento de uma fibra, utilizando diferentes comprimentos de onda de luz para cada sensor, ou detectando o tempo de atraso à medida que a luz passa ao longo da fibra através de cada sensor. O tempo de atraso pode ser determinado utilizando um dispositivo como um refletómetro .ótico no domínio do tempo
As fibras ópticas podem ser utilizadas como sensores para medir a tensão, a temperatura, a pressão e outras grandezas, modificando uma fibra de modo a que a propriedade a medir module a intensidade, a fase, a polarização, o comprimento de onda ou o tempo de trânsito da luz na fibra. Os sensores que variam a intensidade da luz são os mais simples, uma vez que apenas são necessários uma fonte e um detetor simples. Uma caraterística particularmente útil desses sensores de fibra ótica é que eles podem, se necessário, fornecer deteção distribuída em distâncias de até um metro. Em contrapartida, podem ser efectuadas medições altamente localizadas através da integração de elementos de deteção miniaturizados na ponta da fibra. Estes podem ser implementados através de várias tecnologias de micro e nanofabricação, de modo a não excederem o limite microscópico da ponta da fibra, permitindo aplicações como a inserção em vasos sanguíneos através de uma agulha hipodérmica.
Os sensores extrínsecos de fibra ótica utilizam um cabo de fibra ótica, normalmente multimodo, para transmitir luz modulada a partir de um sensor ótico sem fibra - ou de um sensor eletrónico ligado a um transmissor ótico. Uma das principais vantagens dos sensores extrínsecos é a sua capacidade de chegar a locais de outra forma inacessíveis. Um exemplo é a medição da temperatura no interior de motores a jato de aviões, utilizando uma fibra para transmitir radiação para um pirómetro de radiação no exterior do motor. Os sensores extrínsecos podem ser utilizados da mesma forma para medir a temperatura interna de transformadores eléctricos, onde os campos electromagnéticos extremos presentes tornam impossíveis outras técnicas de medição. Os sensores extrínsecos medem a vibração, a rotação, o deslocamento, a velocidade, a aceleração, o binário e a torção. Foi desenvolvida uma versão

de estado sólido do giroscópio, que utiliza a interferência da luz.

O giroscópio de fibra ótica (FOG) não tem partes móveis e explora o efeito Sagnac para detetar a rotação mecânica. As utilizações comuns dos sensores de fibra ótica incluem sistemas avançados de segurança para deteção de intrusões. A luz é transmitida ao longo de um cabo sensor de fibra ótica colocado numa vedação, conduta ou cablagem de comunicação, e o sinal devolvido é monitorizado e analisado para detetar perturbações. Este sinal de retorno é processado digitalmente para detetar perturbações e acionar um alarme se tiver ocorrido uma intrusão. As fibras ópticas são amplamente utilizadas como componentes de sensores ópticos, químicos e biossensores . ópticosA fibra ótica pode ser utilizada para transmitir energia, utilizando uma célula fotovoltaica para converter a luz em eletricidade. Embora este método de transmissão de energia não seja tão eficiente como os convencionais, é especialmente útil em situações em que é desejável não ter um condutor metálico, como no caso da utilização perto de máquinas de ressonância magnética, que produzem fortes campos magnéticos. Outros exemplos são a alimentação da eletrónica em elementos de antena de alta potência e dispositivos de medição utilizados em equipamento de transmissão de alta tensão. As fibras ópticas têm um grande número de aplicações. São utilizadas como guias de luz em aplicações médicas e outras em que é necessário fazer incidir luz intensa num alvo sem uma linha de visão clara. Nalguns edifícios, as fibras ópticas encaminham a luz solar do telhado para outras partes do edifício (ver ótica sem imagem). As lâmpadas de fibra ótica são utilizadas para iluminação em aplicações decorativas, incluindo sinais, arte, brinquedos e árvores de Natal . artificiaisAs boutiques Swarovski utilizam fibras ópticas para iluminar as suas vitrinas de cristal a partir de muitos ângulos diferentes, utilizando apenas uma fonte de luz. A fibra ótica é uma parte intrínseca do produto de construção em betão que transmite luz, LiTraCon.

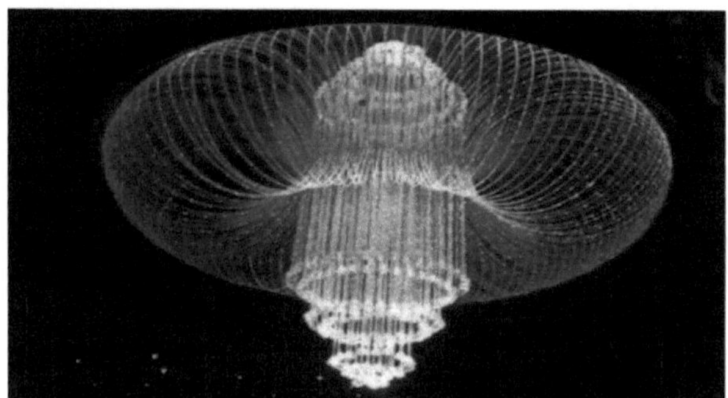

Figura 7 Iluminação decorativa em fibra ótica

A fibra ótica é também utilizada na ótica de imagem. Um feixe coerente de fibras é utilizado, por vezes juntamente com lentes, para um dispositivo de imagem longo e fino chamado endoscópio, que é utilizado para visualizar objectos através de um pequeno orifício. Os endoscópios médicos são utilizados para procedimentos exploratórios ou cirúrgicos minimamente invasivos. Os endoscópios industriais (ver fibroscópio ou boroscópio) são utilizados para inspecionar objectos de difícil acesso, como o interior de motores a jato. Muitos microscópios utilizam fontes de luz de fibra ótica para proporcionar uma iluminação intensa das amostras que estão a ser estudadas.

Capítulo 4

LIGAÇÃO DIÁRIA

4.1 INTRODUÇÃO À ILUMINAÇÃO DIURNA

A iluminação natural é a prática de colocar janelas ou outras aberturas e superfícies reflectoras de modo a que, durante o dia, a luz natural proporcione uma iluminação .interior eficaz É dada especial atenção à iluminação natural na conceção de um edifício quando o objetivo é maximizar o conforto visual ou reduzir o consumo de energia. A poupança de energia pode ser conseguida através da redução da utilização de iluminação artificial (eléctrica) ou do aquecimento solar passivo. O consumo de energia da iluminação artificial pode ser reduzido através da simples instalação de menos lâmpadas eléctricas devido à presença de luz natural, ou através da regulação ou comutação automática das lâmpadas eléctricas em resposta à presença de luz natural, um processo conhecido como captação de luz natural, como mostra a Figura 7a.

Figura 7a Iluminação decorativa em fibra ótica

A luz do dia é um termo técnico dado a uma base de design secular comum, independente da geografia e da cultura, quando "redescoberta" pelos arquitectos do século XX. A quantidade de luz natural recebida num espaço interior pode ser analisada medindo a iluminância numa grelha ou efectuando um cálculo do fator de luz natural. Atualmente, a utilização de software, como o Radiance, permite que um arquiteto ou engenheiro efectue rapidamente cálculos complexos para analisar as vantagens de um determinado projeto.

A fonte de toda a luz do dia é o sol. A proporção entre a luz direta e a luz difusa influencia a quantidade e a qualidade da luz do dia. A radiação solar que atinge um local sem se dispersar na atmosfera terrestre é designada por luz solar direta. Em contrapartida, a luz que se dispersa na atmosfera é designada por luz difusa. A luz reflectida no solo também contribui para a luz do dia. Cada clima tem uma composição diferente destas luzes diurnas e uma cobertura de nuvens diferente, pelo que as estratégias de iluminação natural variam consoante as localizações e os climas. Não há luz solar direta na parede do lado polar (parede virada a norte no hemisfério norte e parede virada a sul no hemisfério sul) de um edifício desde o equinócio de outono até ao equinócio de primavera em partes do globo a norte do Trópico de Câncer e em partes do globo a sul do Trópico de Capricórnio. Tradicionalmente, as casas eram concebidas com um mínimo de janelas no lado polar, mas com mais e maiores janelas no lado equatorial (parede virada a sul no hemisfério norte e parede virada a norte no hemisfério sul). As janelas do lado equatorial recebem pelo menos alguma luz solar direta em qualquer dia de sol do ano (exceto nas latitudes tropicais, no verão), pelo que são eficazes na iluminação natural das áreas da casa adjacentes às janelas. Mesmo assim, durante o meio do inverno, a incidência da luz é altamente direcional e projecta sombras profundas. Esta situação pode ser parcialmente atenuada através da difusão da luz, de tubos de luz e de superfícies interiores algo reflectoras. Em latitudes relativamente baixas, no verão, as janelas viradas para leste e oeste e, por vezes, as que estão viradas para o pólo recebem mais luz solar do que as janelas viradas para o equador.

4.2 BENEFÍCIOS ENERGÉTICOS E AMBIENTAIS DA ILUMINAÇÃO NATURAL

Nos países industrializados, a maior parte das pessoas sai das suas residências em algum momento do dia para passar o tempo em edifícios não residenciais. Estas construções permanecem iluminadas (principalmente por iluminação eléctrica) durante as horas em que o sol brilha, ao lado de uma parte significativa delas que apaga as suas luzes em algum momento após o pôr do sol. Em contrapartida, as necessidades de iluminação das habitações ficam frequentemente adormecidas ao longo do dia, porque os seus habitantes estão envolvidos em actividades profissionais ou educativas que os mantêm no interior de edifícios não residenciais. Assim, se considerarmos o encontro útil da luz do dia no consumo de energia, faz sentido concentrarmo-nos principalmente nos edifícios não residenciais. As construções não residenciais são os principais consumidores de eletricidade para iluminação, e a maior procura dessa iluminação ocorre durante as horas de luz do dia. Nos Estados Unidos, a iluminação é responsável por mais de um terço de toda a eletricidade consumida para uso não residencial. No interior das construções não residenciais, a iluminação é a única utilização de eletricidade mais importante. Para além da carga direta de energia associada à iluminação eléctrica, menos de 25% da eletricidade consumida para iluminação produz realmente luz; o resto gera calor, que aumenta a procura de ar condicionado. O gráfico abaixo mostra o consumo típico de eletricidade em edifícios não residenciais; neste exemplo, a eletricidade utilizada para a iluminação representa 1,12 quatriliões de unidades térmicas britânicas por ano. A eletricidade utilizada para o arrefecimento do espaço representou quase metade do consumo de eletricidade da iluminação. A procura de eletricidade para iluminação e refrigeração poderia ser significativamente reduzida através da utilização de iluminação diurna que não aumentasse a carga térmica de um edifício.

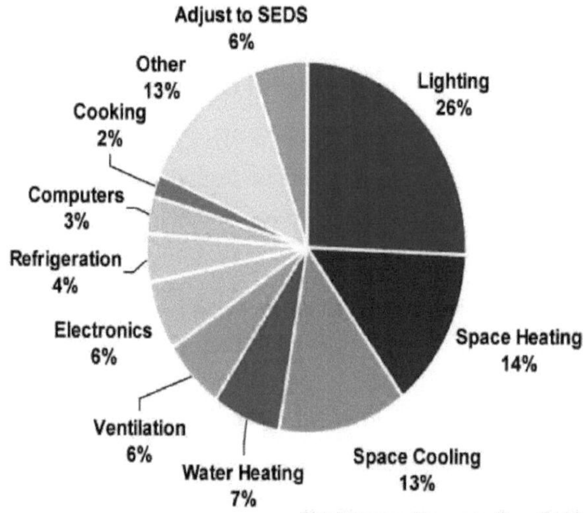

Figura 8 Exemplo de utilização de eletricidade em edifícios não residenciais

Ao pensar nas várias fontes de combustível para a produção de eletricidade nos Estados Unidos, poder-se-ia argumentar que o impacto das reservas de petróleo e de gás nos preços da eletricidade será atenuado pelo facto de quase metade da eletricidade dos EUA ser produzida através da queima de carvão. No entanto, à medida que as reservas de combustíveis líquidos se tornarem menos abundantes, a conversão do carvão em combustíveis líquidos aumentará para fazer face ao aumento da procura. Para além destes factores comerciais, é provável que a utilização de regulamentação governamental e de planos de incentivo tenha um impacto significativo na economia da iluminação diurna. Prevê-se que as preocupações com as emissões de gases com efeito de estufa continuem a ser desprezadas em relação à queima de combustíveis fósseis (tanto para os transportes como para a eletricidade). Consequentemente, é provável que as emissões de dióxido de carbono sejam manipuladas de forma a aumentar o preço da eletricidade gerada pela queima de combustíveis fósseis.

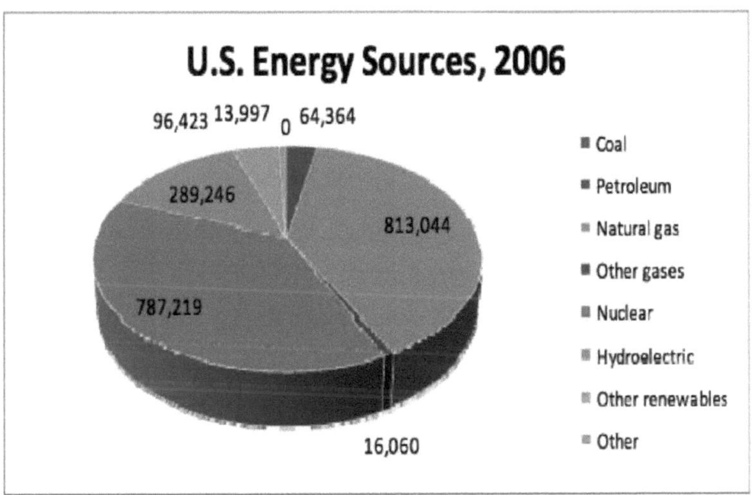

Figura 9 Fontes de eletricidade nos Estados Unidos

A tributação das emissões de gases com efeito de estufa, a par dos incentivos fiscais à utilização de recursos renováveis, como a energia solar, facilitará a validação do investimento em sistemas de iluminação natural que compensem o consumo de energia em edifícios não residenciais. O método mais aparente é a construção de novos edifícios com luz natural incorporada na sua arquitetura. No entanto, para conseguir um impacto na carga de iluminação eléctrica apresentada pelos espaços não residenciais existentes, tem de haver alguma forma de incorporar a luz do dia nessas estruturas. Foi este o conceito que esteve na base do desenvolvimento do sistema de iluminação natural HSL com acoplamento de fibra.

Capítulo 5

ILUMINAÇÃO SOLAR HÍBRIDA

5.1 ELEMENTOS DO SISTEMA DE ILUMINAÇÃO HÍBRIDO

Os sistemas de iluminação híbrida são constituídos por cinco elementos principais:

(1) Fonte de luz (luz solar e lâmpadas eléctricas)

(2) Sistemas de rastreio e recolha da luz solar,

(3) Sistemas de distribuição da luz,

(4) Sistemas híbridos de controlo da iluminação, e

(5) Luminárias híbridas.

Fontes de luz natural : A luz solar é a principal fonte de luz para os sistemas híbridos de iluminação solar e também uma fonte primária de energia não renovável. A iluminância numa superfície horizontal ao nível do mar, com o sol no seu zénite, num céu limpo, é E = 1,24 x 105 lux (lm m-2). O restante 1/5 da iluminância na terra provém do céu, ou seja, da dispersão da luz solar pela atmosfera. Os HSLs utilizam a fonte dominante de luz de forma mais eficiente, uma vez que o seguidor segue o sol e utiliza apenas a luz solar direta e não a difusa. Luminária e lâmpadas eléctricas localizadas remotamente: Os sistemas de iluminação híbrida dependem de lâmpadas eléctricas quando a luz solar é insuficiente para fornecer níveis suficientes de iluminação, como em dias nublados e durante a noite. As lâmpadas eléctricas utilizadas em sistemas de iluminação híbrida devem estar localizadas numa luminária híbrida (ou perto dela). As lâmpadas eléctricas diferem em termos de aplicações, sendo necessárias para os sistemas de iluminação híbrida. Os sistemas de iluminação híbrida são frequentemente utilizados em edifícios, principalmente comerciais, onde as luzes utilizam eletricidade de forma extensiva e fazem uso de lâmpadas fluorescentes localizadas em luminárias. À medida que o design, o desenvolvimento, o custo e o desempenho melhoram, os HLSs em breve utilizarão lâmpadas eléctricas localizadas remotamente.

Sistemas de recolha de luz: inclui sistemas de recolha de luz de 2 eixos, de seguimento, devido à incorporação da luz solar direta. Infelizmente, há uma mudança constante na posição do sol em relação à terra.

É importante notar que a variabilidade espacial da iluminação típica da iluminação convencional ao longo do dia é eliminada nos sistemas híbridos porque a luz surgirá sempre na sala no mesmo local, viajando na mesma direção. A variabilidade temporal será minimizada porque as luminárias híbridas ajustam continuamente as luzes eléctricas com base na quantidade de luz solar disponível.

Sistemas de distribuição de luz : Uma vez recolhida a luz, há muitas opções para a transmitir aos edifícios:

- Fibras ópticas de núcleo largo
- Feixes de fibras ópticas
- Tubos de luz reflectores de núcleo oco.

Os primeiros sistemas híbridos incorporavam fibras ópticas de grande diâmetro devido à sua flexibilidade, custo e facilidade de instalação.

Sistemas híbridos de controlo da iluminação: Existem algumas razões para que os sistemas híbridos utilizem o controlo da iluminação. Uma delas é a redução da utilização de eletricidade e a poupança de energia. Outra seria a necessidade de os sistemas de cor da luz ajustarem a temperatura da cor da luz sempre que necessário. A terceira seria necessária para a tarefa de regulação da intensidade da luz e controlos de ligar/desligar tanto para a luz eléctrica como para a luz natural.

Luminárias híbridas: Os HLSs requerem a mistura de luz artificial e natural. As luminárias híbridas ajudam a fazer o mesmo e também a garantir que a quantidade ideal de cada uma seja usada e misturada. Elas minimizam a perda de luz e garantem uma distribuição espacial/temporal, cor e coeficiente de utilização (CU) relativamente constantes, independentemente das fontes de luz utilizadas. O espelho tem 1,2 m e é aluminizado. O espelho tem 1,2 m e é aluminizado. Em seguida, contém um espelho secundário de borossilicato que é fabricado com vidro fundido, a fim de produzir um elipsoide côncavo de primeira superfície com um revestimento dielétrico multicamada que reflecte apenas os comprimentos de onda visíveis, não permitindo assim a passagem das radiações UV e infravermelhas. A partir do espelho secundário, a luz viaja até ao recetor dos feixes de fibras ópticas, onde é assegurada a sua entrada uniforme nos feixes. Este é o componente final antes de a luz entrar na divisão, no final do qual são colocadas hastes difusoras de luz e a luz é difundida. Cinco elementos principais constituem os sistemas de iluminação híbrida, como mostra a Figura 10.

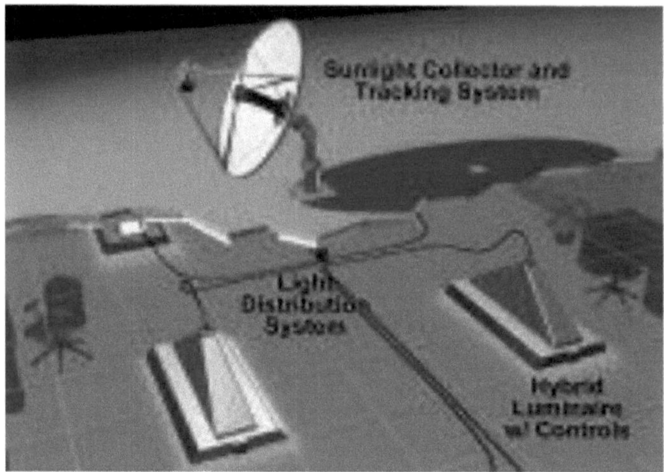

Figura 10: Principais elementos dos sistemas de iluminação híbridos

Fonte de luz (luz solar e lâmpadas eléctricas), sistemas de captação e seguimento da luz solar, sistemas de distribuição da luz, sistemas de controlo da iluminação híbrida e luminárias híbridas. A luz solar é a principal fonte de luz para os sistemas híbridos de iluminação solar e também uma fonte primária de energia não renovável. É responsável por cerca de 4/5 da luz total sobre a Terra. A iluminância numa superfície horizontal ao nível do mar, com o sol no seu zénite, num céu limpo, é E = 1,24 x 105 lux (lm m-2). O restante 1/5 da iluminância na terra provém do céu, ou seja, da dispersão da luz solar pela atmosfera. HSLs como o

fonte de luz dominante de forma mais eficiente, uma vez que o seguidor segue o sol e utiliza apenas a luz solar direta e não a difusa. Os sistemas de iluminação híbridos dependem de lâmpadas eléctricas quando a luz solar é insuficiente para fornecer níveis suficientes de iluminação, como em dias nublados ou encobertos e à noite. As lâmpadas eléctricas utilizadas nos sistemas de iluminação híbrida devem estar localizadas numa luminária híbrida (ou na sua proximidade). As lâmpadas eléctricas diferem em termos de aplicações para as quais são necessárias. Os HLS são frequentemente utilizados em edifícios, principalmente comerciais, onde as luzes utilizam eletricidade de forma extensiva e fazem uso de lâmpadas fluorescentes localizadas em luminárias. À medida que o design, o desenvolvimento, o custo e o desempenho melhoram, os HLSs em breve utilizarão lâmpadas eléctricas localizadas remotamente. Os sistemas de recolha de luz incluem sistemas de recolha de luz de 2 eixos e de seguimento, devido à incorporação da luz solar direta. Infelizmente, há uma mudança constante na posição do sol em relação à terra. É importante notar que a variabilidade espacial

da iluminação típica da iluminação convencional ao longo do dia é eliminada em sistemas híbridos, porque a luz sempre surgirá na sala no mesmo lugar, viajando na mesma direção. A variabilidade temporal será minimizada porque as luminárias híbridas ajustam continuamente as luzes eléctricas com base na quantidade de luz solar disponível. Uma vez recolhida a luz, há muitas opções para a transmitir aos edifícios: fibras ópticas de grande diâmetro, feixes de fibras ópticas, tubos de luz reflectores de núcleo oco. Os primeiros sistemas híbridos incorporavam fibras ópticas de núcleo largo devido à sua flexibilidade, custo e facilidade de instalação. Existem algumas razões pelas quais os sistemas híbridos utilizam o controlo da luz. Uma delas é a redução da utilização de eletricidade e a poupança de energia. Outra razão seria a necessidade de os sistemas de cor da luz ajustarem a temperatura da cor da luz sempre que necessário. A terceira seria necessária para a tarefa de regulação da intensidade da luz e controlos de ligar/desligar tanto para a eletricidade como para a luz natural. As luminárias híbridas ajudam a fazer o mesmo e também a garantir que a quantidade ideal de cada uma é utilizada e misturada. Elas minimizam a perda de luz e garantem uma distribuição espacial/temporal relativamente constante, a cor a intensidade da luz.
coeficiente de utilização (CU), independentemente das fontes de luz utilizadas.

5. 2 COLECTOR DE LUZ SOLAR

Foram decididas três concepções para os sistemas de recolha de luz solar. A primeira abordagem de conceção incorpora um esquema de concentrador solar de dois eixos, de seguimento, que utiliza lentes de Fresnel para focar a luz solar diretamente numa série de fibras ópticas, como ilustrado na Figura 2. Esta conceção foi originalmente desenvolvida para a concentração de sistemas fotovoltaicos e é uma revisão e melhoria de uma abordagem de conceção semelhante introduzida originalmente pela Himawara Corp. no Japão no início da década de 1980. Incorpora um concentrador de luz solar patenteado que direciona a luz solar para um tubo de luz reflectora. A terceira abordagem de conceção, ilustrada na Figura 3, foi desenvolvida pelo ORNL em 1999. Utiliza um espelho primário e um elemento ótico secundário (SOE) para concentrar a energia solar visível e não difusa numa série de fibras ópticas de grande diâmetro, localizadas centralmente, ao mesmo tempo que concentra a radiação solar infravermelha (IV) rejeitada numa célula fotovoltaica concentradora localizada na parte de trás do elemento ótico secundário. Esta conceção constitui uma alternativa única à utilização da energia solar em edifícios, que encara a energia solar numa perspetiva a nível de sistemas, integra múltiplas tecnologias interdependentes e tira partido de todo o espetro da energia solar. Melhora a eficiência total da utilização final através da integração de duas ou mais tecnologias solares num sistema híbrido multiusos.

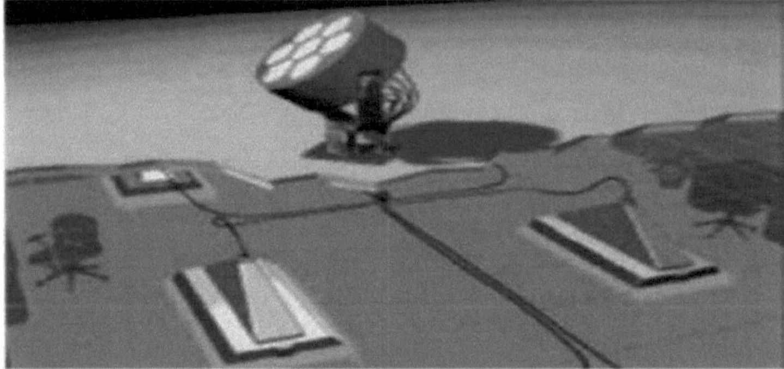

Figura 11 Abordagem da conceção do coletor com lente de Fresnel

Figura 12 Conceção preferida do coletor solar híbrido

A parte visível dos espectros solares é separada dos espectros de infravermelhos próximos utilizando um espelho frio seletivo do ponto de vista espetral. Os dois fluxos de energia são utilizados para fins diferentes, ou seja, iluminação e produção de eletricidade. Esta abordagem tira partido do facto de a eficiência de conversão das células solares à base de silício ser muito mais elevada no espetro do infravermelho próximo (entre 0,7 e 1,1 mm). Do mesmo modo, a parte visível do espetro solar (0,4 a 0,7pm) é inerentemente mais eficiente nos edifícios quando utilizada diretamente para iluminação. A figura 12 ilustra a conceção preferida do coletor solar híbrido. A figura 12 inclui numerosas referências a componentes individuais na conceção preferida, como se segue: 0,8 metros de raio, espelho primário; 0,125 metros de raio SOE com acompanhando a célula fotovoltaica concentradora; Conjunto de montagem de fibra concêntrica 4. Aproximadamente oito fibras ópticas de núcleo largo de 18 mm (Nota: O tamanho do espelho primário ditará o número e o tamanho efectivos das fibras necessárias) Montagem oca e angular para reduzir a amplitude de movimento necessária para o seguimento da altitude (± ~40E de movimento de seguimento necessário). Um mecanismo convencional de rastreio rotacional A conceção a realizar envolverá a utilização de uma lente de Fresnel de grandes dimensões (11" x 11") e várias fibras ópticas. A sua configuração será semelhante à do terceiro modelo desenvolvido pelo ORNL. Será utilizado um espelho parabólico com um orifício no vértice, para inserir as fibras ópticas, e a lente de Fresnel será colocada no topo para concentrar a luz. A luz reflectida pelo espelho parabólico e concentrada pela lente incidirá sobre as fibras ópticas de grande diâmetro, que serão transmitidas para uma sala. Devido à propriedade de reflexão interna das fibras ópticas, estas iluminam a sala. Não é necessária qualquer transferência ou conversão de energia. A luz solar foi transmitida para a sala sem ser convertida em eletricidade.

Capítulo 6

MODELO DE SISTEMA DE ILUMINAÇÃO SOLAR PARA CASAS PEQUENAS

6.1 MODELO PROTÓTIPO

Para desenvolver e implementar o modelo proposto, foi desenvolvido um protótipo de casa de madeira sem janelas, como se mostra na Figura 13 e na Figura 14. O protótipo da casa foi concebido de forma a poder iluminar-se devido à luz que passa através dos cabos de fibra ótica, quando a luz solar é concentrada nela através da lente de Fresnal, como mostra a Figura 12.

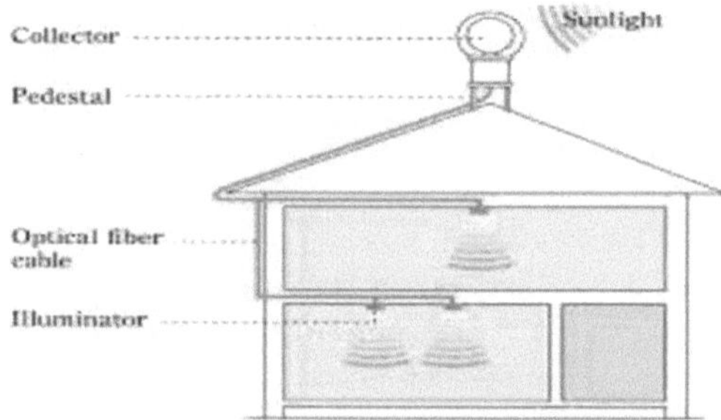

Figura 13 Casa-modelo protótipo

É desejável maximizar a produção solar de um sistema solar para aumentar a eficiência. Para maximizar a saída de luz da lente de Fresnel, é necessário manter a lente alinhada com o sol. Assim, é necessário um meio de seguir o sol.

Figura 14: Modelo de protótipo de casa de madeira

Esta é uma solução muito mais rentável do que a aquisição de um coletor solar adicional. Estima-se que o rendimento das lentes de Fresnal pode ser aumentado em 30 a 60 por cento através da utilização de um sistema de seguimento. O sistema de seguimento automático mantém o coletor de luz solar alinhado com o sol para maximizar a eficiência, o que pode ser implementado num grande projeto em tempo real, como mostra a Figura 15. Neste modelo solar híbrido de 1 mm de diâmetro e 50 números, são utilizados cabos de fibra ótica padrão, como mostra a Figura 6.

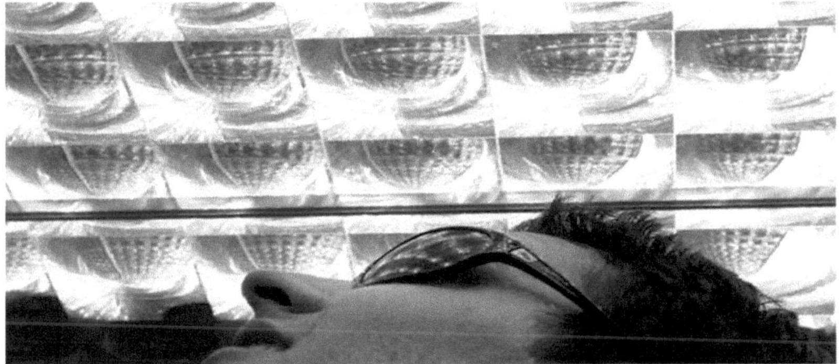

Figura 15: Lente Fresnal como coletor solar

Os sistemas híbridos incorporaram fibras ópticas de grande diâmetro devido à sua flexibilidade, custo e facilidade de instalação. O acoplamento ótico entre a lente solar e a fibra foi uma das principais causas de perdas de energia em todo o modelo proposto, como se pode ver na Figura 16. A luz focalizada deve ser recebida da fibra com o máximo acoplamento ótico obtido na melhor condição de alinhamento. Outra importante causa de perdas foi a absorção na fibra ótica, que depende basicamente do material, do diâmetro e do comprimento da fibra. Os feixes de fibras devem ser caracterizados por um elevado desempenho no que respeita à transmissão espetral. Os materiais típicos para a produção de fibras ópticas são o quartzo, o vidro e o plástico. A sílica tem uma transmissão de luz muito boa, mas é cara, especialmente para a produção de feixes, e as fibras de quartzo são muito frágeis e rígidas

Figura 16 : Transmissor de luz solar para o modelo proposto

As fibras de vidro têm uma atenuação da luz superior à das fibras de sílica, mas são consideravelmente mais baratas e mais flexíveis, o que constitui uma vantagem fundamental. Em particular, têm um raio de curvatura de alguns centímetros para um diâmetro de fibra de 1,5 mm, enquanto uma fibra de sílica do mesmo diâmetro tem um raio de curvatura de 900 mm. As fibras de vidro são ligeiramente mais rígidas do que os cones de plástico, mas normalmente têm menores perdas de transmissão. No entanto, um feixe de fibras de plástico inovador, realizado com uma mistura polimérica com uma composição original, pode atingir um desempenho de transmissão semelhante ao das fibras de vidro.

A área do local é também um parâmetro importante que determinará a quantidade de luz que pode ser utilizada nesse local em particular. A recolha de luz do dia aumenta quando a área a iluminar aumenta, uma vez que o número de lâmpadas solares a instalar aumenta. É possível captar mais luz instalando mais colectores solares. O modelo de iluminação solar híbrido simples proposto tem vantagens como a facilidade de montagem, poucos componentes num design compacto, melhor remoção e gestão do calor por infravermelhos, melhor disposição das fibras ópticas, um caminho mais longo e flexível para a passagem da luz, ou seja, as fibras ópticas, como se mostra na Figura 8, menores perdas globais de luz, pequenas penetrações no telhado, permitindo instalações menos dispendiosas.

O custo total para iluminar a pequena casa é de (com o controlo da luz solar): $320, o que é considerado dispendioso. Se o número de casas/equipamentos de iluminação aumentar, o custo total reduzir-se-á e tornar-se-á acessível. As principais limitações do modelo são a sua maior dependência da luz solar, não podendo ser utilizado à noite ou como fonte de luz autónoma . O modelo protótipo funciona eficazmente como iluminação solar híbrida juntamente com outra iluminação eléctrica. Durante o dia, reduz a necessidade de luzes eléctricas, o que, por sua vez, poupa energia.

6.2 Custo global da criação do modelo de tipo proto em AED

O custo de cada componente:

1)Lente de Fresnel: AED 153

2)Espelho parabólico : AED 125

3) Fibras ópticas de núcleo grande: AED 100

4) Stand: AED 55

5)Seguidor de luz solar (se utilizado) : AED 730

Custo total (menos o localizador de luz solar) : AED 433

Custo total (com o localizador de luz solar) : AED 1.163

Tabela 1: Custo projetado da iluminação híbrida em diferentes regiões dos Estados Unidos

Região	Cenário de utilização do edifício	Custo/kWh deslocado		Anos para o retorno do investimento a 12,5 c/kWh	
		Atual	Projetado	Atual	Projetado
Sunbelt	Todos os dias	4.5	1.9	4.9	2.0
(9 kWh/m^2/dia)	300 dias	5.5	2.3	6.0	2.5
	259 dias	6.6	2.8	7.2	3.0
Localização média	Todos os dias	5.8	2.4	6.3	2.6
(7 kWh/m^2/dia)	300 dias	7.0	2.9	7.6	3.2
	259 dias	8.5	3.5	9.2	3.8
Localização subóptima	Todos os dias	7.4	3.1	8.0	3.3
(5,5 kWh m^2/dia)	300 dias	9.0	3.8	9.7	4.0
	259 dias	10.9	4.5	11.7	4.9

O custo previsto do sistema instalado para uma aplicação num único piso é estimado em cerca de 3.200 USD em quantidades comerciais, assumindo um coletor de 2 m^{A}2, iluminando cerca de 12 luminárias híbridas, cobrindo cerca de 90 mA2 (900 ftA2) de área útil. Isto traduz-se num desempenho de pico de aproximadamente 1,64 USD/Wp.

RESULTADOS E CONCLUSÕES

A orientação pela luz do dia continua a ser um dos principais domínios de desenvolvimento e inovação na iluminação interior. Embora se trate de um avanço no domínio da iluminação, é necessária mais investigação para tornar esta tecnologia mais comum e generalizada. Embora já tenha sido implementada nos Estados Unidos da América, ainda não foi introduzida no Médio Oriente e na Ásia. O design é semelhante ao dos sistemas eléctricos, mas é muito mais dispendioso. O sistema é mais fácil de montar e os componentes, embora não estejam disponíveis, são fáceis de montar depois de comprados. Não é necessária eletricidade. Se forem desenvolvidos métodos para reduzir o custo e se a penetração no mercado aumentar, especialmente em locais como o Médio Oriente, devido à grande disponibilidade de luz solar, esta nova ideia fará maravilhas.

REFERÊNCIAS

Collares -Pereira, M., A. Rabl e R. Winston, 1977. combinações lente-espelho com concentração máxima. Applied Optics, 16(10): 2677-2683. Winston, R., 1970. Coleção de luz no âmbito da ótica geométrica. J. Opt. Soc. Amer., 60(2): 245-247.

Winston, R., J.C. Minano e P. Benitez, 2005. Non-Imaging Optics, Optics and Photonics. Elsevier Academic Press USA, 2005.

Winston, R., N.B. Goodman, R. Ignatius e L. Wharton, 1976. Concentradores parabólicos compostos dieléctricos sólidos: sobre a sua utilização com dispositivos fotovoltaicos. Applied Optics, 15(10): 2434-2436. Jenkins, D.G., 2001. Concentradores solares de alta uniformidade para sistemas fotovoltaicos, Proc. SPIE 4446, 52-b 59.

Luque, A., 1989, Solar cells and optics for photovoltaic concentration. The Adam Hilger Series on Optics and Optoelectronics. Bristol e Philadelphia; ISBN 085274-106-5.

XiaohuiNing, 1988. Transformador angular e1/e2 ideal tridimensional e seus usos em fibra ótica. Applied Optics, 27 (19): 4126-4130. Cariou,J.M.,J.DugasandL.Martin,1982.Transport of Solar Power with Optical Fibres. Solar Power, 29(5): 397-406.

Liang, D., Y. Nunes, L.F. Monteiro e M.L.F. Monteiro, 1997. Collares -Pereira M. Fornecimento de energia solar de 200W com feixes de fibras ópticas. SPIE, 3139: 277-286.

Jeff Muhs, 2000. "Design and analysis of hybrid solar lighting and full-spectrum solar energy systems", Oak ridge National Laboratory, Proc of American solar energy's Solar 2000 Conference, 2000.

http://www.intechopen.com/books/solar collectors- e-painéis-teoria-e-aplicações/iluminação interna-por-colectores-solares-e-fibras-ópticas. D. Bäuerle, Laser Processing and Chemistry, 3ª ed., Springer, Berlim Heidelberg, 2000.

R. Holenstein, S.E. Kirkwood, R. Fedosejevs e Y.Y. Tsui, Simulation of femtosecond laser ablation of silicon, em: Proc.SPIE 5579, Photonics North 2004: Photonic Applications in Telecommunications, Sensors, Software, and Lasers, Spie, Ottawa, Canadá, 2004: pp. 688-695.

P. Engelhart, R. Grischke, S. Eidelloth, R. Meyer, A. Schoonderbeek, U. Stute, et al., Laser Processing for Back-contacted Silicon Solar Cells, em: ICALEO Congress Proceedings, Scottsdale, AZ, 2006: pp. 218-226.

H.R. Shanks, P.D. Maycock, P.H. Sidles e G.C. Danielson, Thermal conductivity of Silicon from 300 to 1400 K, Physical Review. 130 (1963) 1743148.

A.B. Sproul, Dimensionless solution of the equation describing the effect of surface recombination on carrier decay in semiconductors, Journal of Applied Physics. 76 (1994) 2851-2854.

Green, Martin A. Solar Cells; Operating Principles, Technology, and System Applications, Prentice-Hall Inc, 1982 pp xii e pp 62-184.

http://upload.wikimedia.Org/wikipedia/commons/4/4c/Solar Spectrum.png:
http://solarsystem.nasa.gov/planets/profile.cfm?Object=Sun&Display
http://en.wikipedia.org/wiki/Air massa (energia solar)
http://en.wikipedia.org/wiki/Cost de eletricidade por fonte#Fotovoltaica
http://onlinelibrary.wiley.com/doi/10.1002/pip.2352/pdf
https://publications.theseus.fi/bitstream/handle/10024/11005/li jingcheng.pdf?sequence=1
https://en.wikipedia.org/wiki/Daylighting

Printed by Books on Demand GmbH, Norderstedt / Germany